見る 知る ふれあう
学校のまわりの自然たんけん図鑑
春

野山 / 田んぼ / 水辺 / 学校

さようなら

ただいま〜

おかえり〜 さんぽにいこう！

さんぽしながら何するの？

自然を観察するんだよ

見たものをノートに記録するのね

きょうは何が見つかるかな？

見る 知る ふれあう
学校のまわりの自然たんけん図鑑

①春の自然

文・写真：谷本 雄治
絵：やました こうへい

春

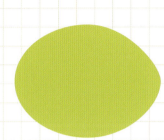

SPRING

はじめに

　春は自然観察を始めるのにぴったりの季節だ。わざわざ遠くに出かけなくても、身近なところにいろんな虫がいて、草木がある。どれでもいいから、気になるものがあったら、顔を近づけてみよう。
　観察の第1歩は、「見る」ことだ。名前は知っていても、その虫や草木がどんな生活をしているのか、知らないことは多いだろう。だからこの本も利用しながら、それまで知らなかったことを「知る」ようにしよう。
　知識がふえたら、飼育や実験、工作もたのしもう。虫を飼えば新しい発見があるし、葉をこすったり、においをかいだりするだけでも自然のすばらしさ・おもしろさがわかる。そうやって「ふれあう」ことで、自然となかよくなれるよ。

この本の見かた

この本では、学校のまわりで見られる自然（生きものや植物など）を、たくさんの写真やイラストとともにくわしく紹介していきます。

概要解説とデータ

そのページでとりあげた動物や植物などの名前を大きな文字で示し、おおまかな説明と写真をのせています。また、とりあげた動物や植物のデータとして、種名、分類、大きさ、見られる時期、見られる場所を示しています。

詳細解説

そのページでとりあげた動物や植物などについて、写真やイラストをそえてくわしく解説しています。また、それぞれの解説が、自然に親しむ方法「見る」「知る」「ふれあう」のどれにあたるかも示しています。

ことば

おぼえておいたほうがよいことばや、少しむずかしいことばなどには、＊をつけて説明しています。

やってみよう

身近な自然をつかった実験や工作、自然の観察のしかたなどを紹介しています。

もくじ

- はじめに・この本の見かた … 2

動物

- アゲハチョウ … 4
- モンシロチョウ … 6
- ツマグロヒョウモン … 8
- ヤマトシジミ … 10
- 春に出会えるいろいろなチョウ … 12
- テントウムシ … 14
- アブラムシ … 16
- ナガメ … 17
- ヨコヅナサシガメ … 18
- ナナフシ … 20
- クワコ … 22
- ダンゴムシ … 24
- ハエトリグモ … 26
- ミミズ … 28
- トカゲ … 29
- カエル … 30
- タニシ … 32
- ミジンコ … 34

植物

- イチョウウキゴケ … 35
- スミレ … 36
- シロツメクサ … 38
- カタバミ … 40
- 菜の花 … 42
- ヨモギ … 43
- サクラ … 44
- 春に出会えるいろいろな花 … 46

- さくいん … 48

キャラクター

おじいちゃん
生きものや自然が大好き。いつもノートをもちあるき、気になることや発見したことをメモしている。

めぐみ
おじいちゃんとさんぽに出るのが大好き。ちょっと人見知りだけど、好奇心が人一倍強い。

アゲハチョウ

アゲハチョウは、大きなチョウの代表だ。見た目はいいことがありそうで、うれしくなる。幼虫もけっこう、人気があるよ。若い幼虫と大きくなった幼虫とで、すがたがちがうから、おもしろいね。

データ

【アゲハ】
- チョウ目アゲハチョウ科
- 大きさ（開張*）：65〜90mm
- 見られる時期：（成虫）4〜10月
- 見られる場所：公園、野山、田んぼ

【キアゲハ】
- チョウ目アゲハチョウ科
- 大きさ（開張）：70〜90mm
- 見られる時期：（成虫）4〜9月
- 見られる場所：公園、野山、田んぼ

春ごろに見られる成虫よりも夏ごろに見られる成虫のほうが大きいよ。

すばやい！

アゲハの成虫。前ばねのつけ根に黒い線がある。

キアゲハの成虫。前ばねのつけ根は黒っぽい。

見る

●ウンチにそっくり

若い幼虫は、白黒もよう。まるで鳥のウンチそのものだ。べちょっとした感じまで、よく似ているよ。

アゲハの若い幼虫。

キアゲハの若い幼虫。

ウンチ
ばっかりだな。
ばれなかった。
ほっ。

クロアゲハの若い幼虫。

鳥のふん。

 ことば　*開張……はねをひろげたときのはしからはしまでの長さ。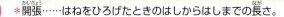

|見る| |知る|

●あしがいっぱい
幼虫のあしは、成虫と同じ6本。それとは別に、おなかには幼虫時代だけの特別なあしがついている。

からだを起こしたキアゲハの幼虫。

幼虫のおなかには、歩くときに使う腹脚とよばれるあしがある。

|見る| |知る|

●ないしょの角
きけんを感じた幼虫は、頭の後ろからにゅっと角（肉角）を出す。しかも、くさい。だから相手はドキッとして、幼虫からはなれるよ。

いろんな色、形があるね。

アゲハの肉角。

クロアゲハの肉角。

ジャコウアゲハの肉角。

|見る| |知る|

●にせの目玉は大きいぞ
成長して緑色になった幼虫には、とても大きな目玉がある！……と思いきや、じつはそれは、胸のもようの「眼状紋」だ。本物の目は頭にある。にせの目玉には、鳥もびっくりだね。

アゲハの眼状紋。

びっくり！ぎょろ

|見る| |ふれあう|

やってみよう

さなぎの色はどんな色？
幼虫が水っぽいウンチをしたら、さなぎになるサイン。さなぎの色は、さなぎになる場所がどんな感じかでかわる。つるつるの紙とざらざらの紙でできた箱に、別べつに入れてやろう。何色のさなぎになるのかな。

キアゲハのさなぎ（緑色）。

キアゲハのさなぎ（茶色）。

モンシロチョウ 動物

学校でもよく見かけるチョウ。幼虫は、「青虫」というあだ名でよばれる。だけど青虫のえさの多くが野菜だから、農家の人たちにはきらわれている。その点では、モンシロチョウも農家も気の毒だ。

データ

【モンシロチョウ】
- チョウ目シロチョウ科
- 大きさ（開張）：45～50mm
- 見られる時期：（成虫）3～11月
- 見られる場所：公園、野山

畑のまわりでもよく見つかるよ。

「青虫」とよばれるモンシロチョウの幼虫。アブラナ科の植物を食べ、とくにキャベツを好む。

モンシロチョウの成虫。日本全国どこにでも見られる。

モンシロチョウのさなぎ。

モンシロチョウの卵。

知る

●ほんとうはモンクロチョウ？

モンシロチョウを漢字で書くと、「紋白蝶」となる。紋というのは斑点のことだから、紋が目立つ「紋黒蝶」でもいいように思えてくる。だけど、その解釈は正しくない。なぜなら、黒い「紋」がある「シロチョウ」という意味だから、「紋白蝶」でいいのだ。ちょっと、まぎらわしいけどね。

黒い紋のある白いはねをもつ。

もともとは中国にいたチョウが日本にわたってきたといわれているよ。

見る 知る
● ストローのようなくち

モンシロチョウもふくめて、チョウ類のくち（口吻という）は長いストローのようになっていて、ふだんはくるんと巻いている。花を見つけると、そのストローをのばしてみつをすう。

モンシロチョウの口吻。

羽化したての成虫の口吻は2本に分かれている。

見る 知る
● 青虫の目は12個

成虫になったモンシロチョウには、大きなふたつの複眼＊がある。では、青虫はどうだろう？　自分の目でたしかめるのがいちばんだけど、左右それぞれに6個の単眼＊がある。だから両方では、あわせて12個もあるよ。

モンシロチョウの幼虫の頭部。小さな目（単眼）がならんでいるのがわかる。

モンシロチョウの成虫の複眼。

知る
● レモンのかおり

モンシロチョウをつかまえると、レモンのかおりがふわっとする。オスのはねには、メスに気づいてもらうためのかおりを出す特別なりん粉があるからだ。モンシロチョウによく似たスジグロシロチョウのかおりのほうがよくわかるけどね。

ことば
＊複眼……たくさんの個眼（レンズ眼）がハチの巣のように集まってできている目。
＊単眼……レンズが1個の小さな目。明暗を見わけるくらいのはたらきしかない。

スジグロシロチョウ。

ふれあう
やってみよう

冷蔵さなぎを羽化させよう

成虫のはねになる黒いもようが見えてきたさなぎは、羽化の時期を調節できる。コップにティッシュペーパーか脱脂綿をしいてさなぎを置き、冷蔵庫に入れよう。冷凍庫はだめだよ。観察したいタイミングで冷蔵庫から出して、部屋に置こう。しばらくすると羽化が始まるよ。

冷蔵庫に入れるのは3〜5日にしよう。

ツマグロヒョウモン 動物

データ
【ツマグロヒョウモン】
- チョウ目タテハチョウ科
- 大きさ（開張）：60〜70mm
- 見られる時期：（成虫）4〜11月
- 見られる場所：公園、野山

オスとメスが見わけやすい。

ヒョウ柄のチョウは何種もいるけれど、たぶんもっとも見つけやすいのがツマグロヒョウモンだ。幼虫のころはスミレのなかまの植物を食べる。庭でも学校でも公園でも、パンジーやビオラといったスミレのなかまが植えられているから、観察にはもってこいのチョウだよ。

ツマグロヒョウモン（成虫）のオス。

ツマグロヒョウモン（成虫）のメス。

ツマグロヒョウモンの幼虫。

ツマグロヒョウモンの卵。

知る

●ものまねがとくいなメス

ツマグロヒョウモンのメスのはねは、毒チョウのカバマダラによく似ている。でも、ツマグロヒョウモンには毒はない。そうやって「擬態*」することで、鳥に食べられないようにしていると考えられる。

カバマダラの成虫。南西諸島で見られるチョウ。

カバマダラがいない地域でもモノマネは通用するのかな？

ことば
*擬態……生きものが、周囲の環境やほかの生きものと似た色や形になったり、行動をとったりすること。
*寄生……ほかの生きものやそのすみかなどにとりつき、一方的に栄養をうばっていくこと。

見る
●よろいみたいなさなぎ

ツマグロヒョウモンのさなぎは、西洋の騎士のよろいみたいでかっこいい。かべにくっつくのではなく、草の茎などにぶら下がる。茶色いさなぎには、金銀にかがやく突起があるのがとくちょうだ。

ツマグロヒョウモンのさなぎ。大きさは、30mmぐらい。

知る
●幼虫は見かけだおし？

ツマグロヒョウモンの幼虫をはじめて見たら、ドキッとする。黒いからだに赤いすじもようがあり、全身がとげとげ。よく目立ち、いかにも毒がありそうだ。でもそれは見せかけだけで、毒はないし、とげもやわらかい。身を守るための「おどし作戦」なんだろうね。

ツマグロヒョウモンの幼虫。毒はないので、さわってみよう。

知る
●上には上がいる

突起がついたよろいのようなさなぎなら、だれも手を出さないように思える。でも、寄生＊バチや寄生バエにはかなわない。寄生されると、時期がきて羽化するのはチョウではなく、ハチやハエだ。自然の中で生きぬくのは、たいへんだね。

ツマグロヒョウモンのさなぎに卵をうもうとしている寄生バチの一種。

見る　ふれあう
やってみよう

パンジーではなし飼い

ツマグロヒョウモンは、都会ではモンシロチョウよりも見つけやすいことがある。幼虫のえさになるパンジーなどがたくさん植えられているからだ。だったらそれを利用して、はなし飼い状態で幼虫が育つようすが観察できる。意外に大食いだから、予備のえさがあると安心だ。幼虫が大きくなったら、目の細かいあみをかけようね。

ツマグロヒョウモンの幼虫。成長に差がある3匹が同じパンジーの鉢にいた。

ヤマトシジミ 動物

たくさんの種類がいるシジミチョウのなかでも代表的なチョウ。おとなの人の指先にのるくらい小さい。幼虫のえさになるカタバミ（→ 40 ページ）がはえていれば、都会でも見られる。カタバミの葉は、ハートを3枚くっつけたような形だ。そこにやってくるヤマトシジミのはねにも、小さなハートもようがある。

データ

【ヤマトシジミ】
・チョウ目シジミチョウ科
・大きさ（開張）：23～29mm
・見られる時期：（成虫）3～11月
・見られる場所：公園、野山

小さくてかわいいね。

「ヤマト」は、昔の日本をあらわすことば。「シジミ」は貝のシジミの内側に似ていることからつけられた。日本じゅうにいるふつうのシジミチョウなので、ヤマトシジミという名前になったんだよ。

ヤマトシジミの成虫。日本全国どこにでも見られる。

ヤマトシジミのさなぎ。

ヤマトシジミの卵。

見る

●はねの空もよう

オスとメスで、ひらいたはねの色がまったくちがう。オスは明るい青なのに、メスは落ち葉のような暗い色。たとえてみれば、青空とくもり空みたいだよ。

ヤマトシジミのオス。

ヤマトシジミのメス。

● オトナのごちそう 【知る】

ヤマトシジミの幼虫は、カタバミの葉を食べる。成虫になれば、よく似たシロツメクサやアカツメクサの花にも飛んでいく。成虫の目的は、花のみつだけなんだけどね。

成虫は花のみつをすう
花のみつをすうヤマトシジミ。

シロツメクサの花。

アカツメクサの花。

カタバミの花。

幼虫は葉を食べる
卵からふ化したばかりの幼虫。

カタバミの葉。

【知る】
● おたがいさま

ヤマトシジミの幼虫はおしりの近くから、あまい汁を出して、アリにあたえる。アリはおいしい汁がほしいから、幼虫をおそわないし、幼虫の敵になる虫も追いはらう。おたがいさまってことだね。

ヤマトシジミの幼虫。

ありがとう。
こちらこそ。

【ふれあう】【見る】 やってみよう

プリンカップで飼ってみよう

カタバミの葉で幼虫や卵を見つけたら、プリンの空き容器で飼ってみよう。カタバミの茎はしめらせたティッシュペーパーでくるみ、さらにアルミホイルでつつむと日もちするよ。

大きくなってね。

11

春に出会えるいろいろなチョウ

ムラサキツバメ
[シジミチョウ科]

クロアゲハ
[アゲハチョウ科]

ウスバシロチョウ
[アゲハチョウ科]

アオスジアゲハ
[アゲハチョウ科]

テングチョウ
[タテハチョウ科]

ルリシジミ
[シジミチョウ科]

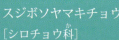
スジボソヤマキチョウ
[シロチョウ科]

ヒメギフチョウ
[アゲハチョウ科]

春は、いろいろな生きものが動きだすたのしい季節。なかでもチョウは色やもようがきれいで、見ていてあきないよ。春になったら、チョウをさがしてみよう。

モンキチョウ
[シロチョウ科]

サトキマダラヒカゲ
[タテハチョウ科]

サカハチチョウ
[タテハチョウ科]

スミナガシ
[タテハチョウ科]

ジャコウアゲハ
[アゲハチョウ科]

ベニシジミ
[シジミチョウ科]

ムラサキシジミ
[シジミチョウ科]

モンキアゲハ
[アゲハチョウ科]

テントウムシ 動物

データ
【ナナホシテントウ】
・コウチュウ目テントウムシ科
・大きさ（体長）：5〜9mm
・見られる時期：（成虫）春〜秋
・見られる場所：公園、野山

ナナホシテントウは、肉食昆虫だよ。

　丸いせなかに、色とりどりのもよう。見た目にもかわいらしいテントウムシは、自然となかよくなるのにもってこいの昆虫だ。日本には180種ほどいるから、「これもテントウムシ？」と思えるようなのもまじっている。きょうは、どんなテントウムシに会えるかな。

黄色くてつやつやしたテントウムシの卵。

ナナホシテントウの成虫。

ナナホシテントウのさなぎ（左）と幼虫。

見る
●くちの形はどんなふう？

　昆虫のくちは、自分たちが食べるえさにあった形をしている。アブラムシ（→16ページ）を食べるナナホシテントウやナミテントウのくちはどうだろう？

ナナホシテントウの幼虫のくち。するどい草かりがまのようになっている。

アブラムシを食べるナナホシテントウ。くちの形を観察しよう。

キイロテントウ。アブラムシではなく、カビをえさにする。

見る

●ナミテントウのファッションショー

ナミテントウのせなかのもようは、4タイプに分かれる。それぞれがまるでちがう種類のように、見た目が大きくちがう。北にいくほど赤っぽいタイプが多いといわれるよ。きみの家のまわりにはどんなタイプが多いかな？

4タイプに分かれるナミテントウのもよう。

ファッションショー

見る

●テントウムシのそっくりさん

ハムシやウンカのなかまには、テントウムシに似たものがいる。だけど、ひげ（触角）が長いと、にせものっぽいね。テントウムシなら短くて、先が丸いよ。

イタドリハムシ。　　オキナワマルウンカ。　　クロボシツツハムシ。

マルウンカ。　　ニセクロホシテントウゴミムシダマシ。

見る

●いざというときの……

テントウムシは、身のきけんを感じると、黄色い汁を出して、てきをおどろかす。この汁は、からだのどこから出ているかな？よく見てみよう。

ZOOM

知る

●聖母マリアの願い？

テントウムシは英語で「レディーバード」。レディーは聖母マリアのことで、赤い色をマリアさまのマントに見立てたんだって。イギリスには、マリアさまに祈ったらテントウムシがやってきて、害虫を食べてくれたという話がある。それでテントウムシは、「幸運の虫」とされているんだ。

見る　ふれあう

やってみよう

おとなとこども、どっちが大食い？

ナナホシテントウやナミテントウは、成虫も幼虫もアブラムシを食べる。アブラムシがたくさんついている草を茎ごと容器に入れて飼おう。毎日、どれくらい食べるのだろうね。

アブラムシが大好物。

15

アブラムシ

春になると目につくのがアブラムシだ。うじゃうじゃと植物に集まっている。ストローのようなくち（口吻）を植物の茎や根などにさしこんで汁をすうんだ。体の色は、緑だけでなく、黄、赤、黒といろいろな種類がいるよ。

データ

【アブラムシのなかま】
- 大きさ（体長）：ほとんどは1～4mm（最大種で7mm）
- 見られる時期：（成虫）春～秋（種によってさまざま）
- 見られる場所：公園、野山、雑木林

よく見るとたくさんいるよ。

アブラムシ（黄と緑）。

アブラムシ（赤）。

アブラムシ（黒）。

知る
●アブラムシの出産

春のアブラムシはすべてメスで、こどもをたくさんうむ。卵ではなく、メス親そっくりのすがたで生まれるよ。

おしりから幼虫をうむアブラムシ。

見る
●アブラムシのくち

アブラムシやセミなどカメムシのなかまの口吻は、まっすぐだ。チョウの口吻とくらべてみよう。

植物の汁をすうアブラムシ。

見る
●敵がいっぱい

アブラムシの天敵は、テントウムシやクサカゲロウ。その敵をおいはらってくれるのが、アリだ。お礼に、アブラムシは、アリにあまいみつをあげている。

アブラムシとナナホシテントウの幼虫。

アブラムシとアリ。

ナガメ

動物

漢字で「菜亀」と書くふしぎな名前の昆虫。カメではなく、カメムシの一種だ。カメムシはどれもくさいと思われがちだけど、ナガメをくさいと感じる人は少ない。

データ

からだのもようがきれいな虫だよ。

【ナガメ】
・カメムシ目カメムシ科
・大きさ（体長）：6〜10mm
・見られる時期：（成虫）4〜10月
・見られる場所：公園、野山

ナガメの成虫。コマツナやダイコンなどアブラナ科の野菜の汁をすっていることが多い。

見る　●芸術的な卵のつぼ

カメムシのなかまは、それぞれが個性的な卵をうむ。ナガメの場合は「たる形」をしていて、ふたには黒い丸印がついている。横から見ると、黒い2本の帯の真ん中に丸がひとつ。菜の花の時期なら見つけられるから、たしかめて！

ふ化しはじめたナガメの幼虫。

ナガメの卵。一度見たらわすれない見た目だ。

ナガメの幼虫。若いタネがつまったさやの汁をすっている。

ふれあう　やってみよう

ナガメを飼育してみよう

ナガメは見つけやすいし、かみつくこともさすこともないから、観察にオススメのカメムシだ。プリンの空き容器とかミニトマトが入っていた小さな容器で飼える。えさとして、アブラナ科植物を茎ごとあたえよう。実でも飼うことができる。カメムシ観察の入門種だね。

かわいいな。

ヨコヅナサシガメ 動物

大型のカメムシで、外来種。サクラ、エノキ、ケヤキなど、幹が太くなる樹木で見ることが多い。でも樹液や木の汁をすうのではなく、「刺しガメ」の名前からわかるように肉食性の昆虫だ。とらえたえものの体液をすう。手でつかんでさされないように、気をつけよう。

データ
【ヨコヅナサシガメ】
・カメムシ目サシガメ科
・大きさ（体長）：16～24mm
・見られる時期：(成虫) 5～9月
・見られる場所：公園、雑木林

からだの赤い色が幼虫の目印だ。

ヨコヅナサシガメの幼虫。せなかに赤い紋がある。

ヨコヅナサシガメの成虫。腹のふちに、よく目立つ白黒もようがある。それが相撲の横綱がつける化粧まわしを思わせることから「ヨコヅナ」と名づけられた。

見る 知る
●太い針を持つ吸血鬼

ヨコヅナサシガメがおそうのは、イモムシやケムシ、バッタ類などいろいろだ。長くて太い針のようなくち（口吻）は、ふだんは折りたたんでいる。必要になったらのばしてえものに消化液を送りこみ、とけた体液をすう。

ワラジムシをおそうヨコヅナサシガメの成虫。ナガメ（→17ページ）は植物の汁をすうカメムシだが、ヨコヅナサシガメは肉食のカメムシだ。

吸血鬼みたいね。

見る
● 狩りの共同作戦

幼虫時代は、何匹かでかたまっていることが多い。集団でいれば大きな虫にたちむかうことができるし、成功率も高まるからだ。大きなえものなら、おなかもふくれる。大昔の人間もそうやってマンモスを狩ったそうだから、まねたのかな？

共同してえものをおそうヨコヅナサシガメの幼虫。

見る
● 寒い子集まれ！

幼虫で冬をこすヨコヅナサシガメは、木の幹のくぼみやわれ目に身をよせあうようにして冬をのりきる。集団でいても温度が上がるかどうかはわからないが、数十匹がかたまると乾燥が防げるし、温度の変化も小さいだろうとみられている。

幼虫は、サクラの幹などで群れになって、冬ごしをする。

見る　知る
● 大型の外来なかま

大型の外来カメムシでこのごろ目立つのが、キマダラカメムシだ。体長は2cmほど。学校だとサクラの木の幹で見ることが多い。ヨコヅナサシガメとのちがいは、食べものだ。キマダラカメムシは木の汁をすって生きている。

キマダラカメムシの成虫。あたたかい地域に多い。

キマダラカメムシの幼虫。成虫とは、形ももようもちがう。

見る　やってみよう

赤い宝石をさがそう！

最後の脱皮＊をしたばかりのヨコヅナサシガメの成虫は、赤い色をしている。茶色い木の幹にいることが多いから、宝石みたいでとても目立つ。赤いと警戒されるから、からだがかたまるまで身を守ることにもなるようだ。時間がたつと赤色は消えるから、赤い幼虫を見つけたら、ラッキーだよ。

ことば　＊脱皮……動物が成長して大きくなるたびに、皮やからをつくりなおし、古い皮やからをすてること。

最後の脱皮をする成虫。

脱皮したての成虫。からだが真っ赤なので、別の虫に見える。

ナナフシ

　ナナフシは、かくれんぼのうまい虫として有名だ。茶色と緑色の２種類がいて、どちらもまわりの景色にまぎれこむ。とくに木の枝にとまるナナフシを見つけるのは、むずかしい。からだが細く、じっとして動かない。敵の目をあざむく忍者みたいだ。

データ

【エダナナフシ】
- ナナフシ目トビナナフシ科
- 大きさ（体長）：（オス）65〜82mm　（メス）82〜112mm
- 見られる時期：（成虫）夏〜秋
- 見られる場所：雑木林

【ナナフシモドキ（ナナフシ）】
- ナナフシ目ナナフシ科
- 大きさ（体長）：（オス）57〜62mm　（メス）74〜100mm
- 見られる時期：（成虫）夏〜秋
- 見られる場所：雑木林

木の枝にとまるエダナナフシの成虫。枝にそっくりだ。

知る
●本家なのに「もどき」

　ふつう「ナナフシ」といえば、ナナフシモドキをさす。「もどき」は似たものという意味だから、ナナフシという名の本物がいてもいいのに、実際にはいない。七つの節がある竹のような虫なので、ナナフシモドキになったらしいね。

ナナフシモドキ（ナナフシ）。

見る
●いつだっておとぼけ顔

　ナナフシを見つけたら、その目をよく観察しよう。まぶたはないのに、ねぼけまなこだ。そのせいなのか、おとぼけ顔に見えてしかたがない。

ナナフシモドキの顔。

● 芸術作品?

首をかしげたくなるのが、ナナフシのなかまがうむ卵だ。つぼに見えたり、植物のタネに見えたりしておもしろい。それにしてもなぜ、こんなにふしぎな形やもようになるのかな。

ナナフシのなかまの卵ギャラリー

ナナフシモドキの卵。

エダナナフシの卵。

コブナナフシの卵。

タイワントビナナフシの卵。

ツダナナフシの卵。

トゲナナフシの卵。

ニホントビナナフシの卵。

アマミナナフシの卵。

● 4本あし?

木の枝や葉にとまるナナフシは、4本あしのように見える。前あし2本を、触角のようにすっとのばすからだ。若い幼虫はとくに、そのポーズが好きみたい。

ナナフシモドキ（ナナフシ）の幼虫。

卵をうませよう　やってみよう

ナナフシは木の枝にとまったまま、産卵する。地面に落ちた卵を見つけるのはむずかしいけど、自分でメスの成虫を飼って、ふしぎな卵を見てみよう！　葉つきの木の枝を小びんにさしておけば飼育できるよ。

まるで木の枝みたいだね。

クワコ 動物

データ
【クワコ】
・チョウ目カイコガ科
・大きさ（開張）：（オス）33mm、（メス）44mm
・見られる時期：（成虫）6〜11月
・見られる場所：雑木林

カイコはとべないけど、クワコはとべるよ。

　カイコの幼虫である「蚕」は、糸をとるために飼われてきた。クワコは、その蚕の先祖にあたるとされている蛾で、漢字では「桑蚕」と書く。栽培されているクワや自生のヤマグワの木をさがして葉を見ていくと、蚕そっくりのイモムシ（幼虫）がいる。それがクワコだ。蚕より黒っぽいことが多いけれど、個体差があって、白っぽいものもいる。成虫はカイコより明らかに黒っぽい。だけど、ふんいきはよく似ているよ。

カイコの成虫（左）とクワコの成虫（右）。

クワコの成虫。はねが白ければ、カイコにそっくりだ。

クワの木の枝にとまるクワコの幼虫。

見る

●幼虫の百面相

　目玉もようを見せられただけでもドキッとするが、クワコの幼虫はそれをさらに生かした作戦で天敵の鳥をおどす。胸をぷくんとふくらませたり、くちをとがらせたようなポーズをとったりするのだ。横から見てもおどろくけど、正面から見ると百面相みたいでたのしいよ。

胸をふくらませた幼虫。

くちをとがらせたようなポーズをとる幼虫。

見る

● 「木化け」はおまかせ

クワコの幼虫が身を守る方法はまだある。大きくなった幼虫は木の枝のふりをするのだ。からだの色も枝に似ているし、体をピンと立てていればいかにもそれっぽい。忍者は「木遁の術」を使ったといわれるけれど、その技はクワコを見て考えだしたのかもね。

からだの前半分を起こして、木の枝のふりをしている。

見る

● 目玉ぎょろり

クワコの幼虫の胸には、とてもよく目立つ目玉もようがある。鳥などの天敵から身を守るためで、そんな目玉を見たら、人間だってびっくりするよね。

ZOOM

幼虫のからだにある目玉もよう（眼状紋）。

見る

● まゆのミニチュア

蚕の先祖といわれるだけあって、クワコのまゆ*も蚕のまゆにそっくりだ。3cmぐらいの小さなまゆで、クワの葉がしげっているときは葉でつつまれたようになっている。秋になると葉が落ちることを知っているのか、枝にぶら下がる。小さくても糸はしっかりしているよ。

クワコのまゆ。まわりの葉をとると、中からふわふわのまゆが出てくる。

ふれあう やってみよう

糸をとってみよう！

野外で成虫が出たあとのまゆから、糸をとるのもいいね。葉をはがして、まゆを固定していたものをとりのぞくと、白いまゆが出てくる。糸のすみっこをつまんで引っぱると、数本まとまった糸がとれるよ。

クワコのまゆから糸を引く。

ことば

＊まゆ……幼虫がさなぎになる前に、糸や毛などを使ってつくる部屋のこと。幼虫はその中でさなぎになり、羽化するとまゆをやぶって出てくる。

ダンゴムシ

動物

データ

【オカダンゴムシ】
・ワラジムシ目オカダンゴムシ科
・大きさ（体長）：14mm
・見られる時期：（成虫）春～秋
・見られる場所：公園、野山、雑木林

丸くなるのは、身を守るためなんだ。

「マルムシ」ともよばれ、おどろくと丸くなるのがダンゴムシのとくちょうだ。昆虫ではないけれど、「ムシ」として親しまれる。石の下やものかげ、落ち葉の下などにすんでいるから、見つけたらなかよくしたいね。えさはおもに落ち葉だけど、虫の死がいを食べることもあるんだ。

ダンゴムシのふん。植物の肥料になったり、より小さな生きものが分解したりすることで、土が豊かになる。

からだを丸めたダンゴムシ。なるほど、マルムシだ。

見る

●つやつやの黒と黄のもよう

オスとメスは、せなかのもようでほぼ見わけがつく。黒っぽくて、つやつやしていたらオスだ。メスのせなかには、黄色い斑点があるよ。

自分でも見わけられそう。

ダンゴムシのオス。

ダンゴムシのメス。

見る 知る
● あしの数は何本？

　昆虫のあしは6本だけど、ダンゴムシは14本もある。生まれたばかりのころは、12本。脱皮を2回すると、あしが14本にふえるんだ。

おとなのダンゴムシのあしは7対14本。

ダンゴムシにそっくりのタマヤスデ。あしの本数はダンゴムシよりも多い。

知る
● こんにちは赤ちゃん

　ダンゴムシが昆虫でないことは、誕生のしかたでもわかる。メスのからだにあるふくろ（育児のう）の中で卵からかえり、しばらくしたら赤ちゃんダンゴムシとして外に出る。かわった習性だね。

ダンゴムシの赤ちゃん。からだは、まだ白い。

見る
● ズボンと服

　脱皮をくり返すダンゴムシはまず、からだのうしろ半分の皮をぬぐ。その数日後に、前半分。人間でいえば、ズボンと服を2回に分けて着がえるみたいなものだ。

ダンゴムシの脱皮。白っぽい部分が古い皮だ。このあと前半分も白っぽくなる。

ふれあう 見る
やってみよう

好きなごちそうは？

　ダンゴムシの飼育容器の中にいろんな食べものを置いて、どれが好きなのかを調べよう。ふだんは落ち葉や虫の死がいなどを食べているけれど、あめ玉、野菜、きのこ、にぼしなど、いろいろとためしてみてね。

いろいろな葉っぱで調べてみるのもおもしろいよ。

緑色の葉っぱも食べるのかな？

25

ハエトリグモ 動物

ハエトリグモは小型のクモで、あみを張らず1匹で行動する。「ハエトリ」とはいうけれど、ハエだけでなく、そのほかの小さな虫も食べる。よくとびはねることから、英語では「ジャンピング・スパイダー」という。からだのわりに目玉が大きく、よく見ると、意外にかわいい？

データ

【ネコハエトリ】
- クモ目ハエトリグモ科
- 大きさ（体長）：7〜8mm
- 見られる時期：一年じゅう
- 見られる場所：公園、家の中

クモが苦手な人でも、このクモなら好きになるかもね。

ありがとう。

ネコハエトリのメス。

アオオビハエトリ。屋外でよく見かける。黒いからだにきれいな青い色がとくちょう。

知る

●8個の目玉でぎろり

ハエトリグモのなかまは8個の目玉を持っている。正面からよく見える2個はとくに大きい。まわりがよく見えるし、えものをすばやく見つけるのにも便利だ。そんな目玉でぎろりとにらまれたら、こわいよね。

宇宙人みたい！

ネコハエトリの目。

えものをとらえて、その場で食べるアオオビハエトリ。

見る

●ダンスがじょうず

ハエトリグモのオスは、あしをふったり、からだを上下させたりするダンスが得意だ。ダンスがうまいとメスに注目してもらえるから、がんばっておどるらしい。種によっておどりかたがことなるのもおもしろいよ。

見る

●人間の家も好き

家の中でピョンとはねる小さなクモがいたら、きっとハエトリグモだ。室内にはハエや蚊、ゴキブリの幼虫などのえものがいることがあるし、かくれる場所も多い。それに温度も安定しているから、すみやすいのだろうね。害虫をやっつけてくれるのだから、追いださずにそっとしておこう。

家の中にいたシラヒゲハエトリ。

シラヒゲハエトリは、家の外でもよく見かける。からだの色やもようが樹木の幹に似ていて、幹にとまっていると見わけがつきにくい。

見る

●アリにそっくりなクモ

ハエトリグモの一種、アリグモは、アリにそっくり。でもよく見ると、目が8個で、あしも8本だよ。にげるとき、ジャンプしたり、おしりから糸を出したりするから、そのようすを見てもアリじゃないってことはわかるよね。

アリグモのオス。きばのように大きな鋏角がある。

アリグモのメス。鋏角があまり目立たない。

ふれあう

やってみよう

オスどうしをたたかわせよう

ネコハエトリは、けんか遊びに使われてきた。「ホンチ」とか「フンチ」とかよんで、むかしのこどもたちは熱中したよ。オスを2匹見つけたら、小さな箱の中や板の上に置いて、たたかわせてみよう。前あしを高くかかげて、相手に向かっていく。逃げるか、動かなくなったほうが負けだ。

ネコハエトリのオス。

ミミズ

ミミズは世界に数千種、日本だけでも数百種いるといわれるが、はっきりしたことはわかっていない。1mm以下のものから3mをこすものまでいる。日本には、「フトミミズ」とよばれる種類が多い。ミミズは落ち葉や土などを食べ、栄養のあるふんを地中に出したり、地表につみあげたりして、土を豊かにしてくれる。土の中でくらす生きものだけど、観察するとおもしろいよ。

データ

【フトミミズ】※フトミミズ科のなかまの総称。
・見られる時期：一年じゅう
・見られる場所：公園、野山、雑木林、田んぼ、水辺

ミミズは、多くの野生動物の食料にもなる。　つりのえさにもなるよ。

ミミズのふん。種類によって形や大きさがことなる。

ミミズ。土づくりにかかせないはたらきをすることから、「地球の虫」ともよばれる。

● 「首まき」があれば一人前　

おとなになったミミズには、からだの前のほうに「環帯」という太い帯ができる。わかりやすく、「首まき」とよぶことも多いよ。こどもをつくるとき、2匹がたがいの環帯をくっつける。ミミズにオスとメスの区別はなく、1匹のからだの中に、オスとメスのはたらきをする器官がある。

● 頭から卵をうむ

卵をうむとき、ミミズはおしりから産卵しない。卵の入った筒のようなものを、環帯から頭の先のほうに送るんだ。それがレモンのような形をした「卵包」で、一つの卵包から、数匹の赤ちゃんミミズがうまれることもある。

ミミズの環帯。「ミミズの首まき」ともよばれる。

ミミズの卵包。レモンのような形をしたものが多い。

トカゲ

動物

トカゲはまるで、小さな恐竜。うろこにおおわれて強そうだし、動きもすばやい。コオロギやゴキブリ、イモムシ、ケムシなど生きている虫をえさにする。ニホントカゲとニホンカナヘビなどを区別せずに「トカゲ」とよぶことが多いよ。

データ

【ニホントカゲ】
- トカゲ科
- 大きさ（体長）：16～25cm
- 見られる時期：春～秋
- 見られる場所：公園、野山、雑木林、田んぼ、水辺

【ニホンカナヘビ】
- カナヘビ科
- 大きさ（体長）：16～27cm
- 見られる時期：春～秋
- 見られる場所：公園、野山、雑木林、田んぼ、水辺

トカゲとカナヘビ、どちらも動きがすばやいよ。

ニホントカゲの幼体（こども）。青く美しい尾をもつ。

ニホントカゲの成体（おとな）。幼体も成体も、からだをあたため、適度な体温をたもつために日なたぼっこをする。

●カナヘビもトカゲ？

「ニホントカゲ」だと思っていたら、じつは「ニホンカナヘビ」だったということがある。見た目が似ているせいか、トカゲとカナヘビのよび名が逆の地域もある。

ニホンカナヘビ。ニホントカゲにくらべると、尾が長い。

●いざとなったら

ネコや鳥におそわれたトカゲは、万事休すの大ピンチ！すると自分で、尾を切りはなす。敵が尾に気をとられているすきに猛ダッシュ。まさに、捨て身の戦法だね。

尾が切れたニホントカゲの幼体。切りはなした尾は、しばらくするとまたはえてくる。

尾を自分で切りはなす（自切する）ときは、切れる位置が決まっているんだ。

カエル

くりっとした目玉のカエルは、水中、水辺の地面、木の上などいろいろなところで見つかるので、観察にもってこいの生きものだ。春は、オタマジャクシも見つけやすい。オタマジャクシは、魚と同じようにえらで呼吸をして水中でくらすけど、おとなのカエルになると、人間と同じようにはいで呼吸をして陸上や水辺でくらす。

データ

【ニホンアマガエル】
- アマガエル科
- 大きさ（体長）：30～40mm
- 見られる時期：春～秋
- 見られる場所：公園、雑木林、田んぼ、水辺

カエルにさわったら、手洗いをわすれないでね。

アマガエル。目の前後に黒っぽいすじが入っている。

アマガエルのオタマジャクシ。目と目がはなれていて、しっぽのはばが広い。

見る

●見かけによらず

アマガエルは、小さなカエルだ。それなのに、のどを風船みたいにふくらませ、おどろくほど大きな声でゲッゲッと鳴く。遠くてもよく聞こえるよ。

鳴いているアマガエルのオス。おもに夜、メスをさそったり、なかまと連絡をとったりする。

メスは鳴かないよ。

見る **知る**

●寒天みたいな卵

丸いつぶのかたまりは、アカガエルの卵。ひもみたいに長くてとうめいの管に丸いつぶが入っていたら、ヒキガエルの卵だよ。形はずいぶんちがうけど、どちらもまるで寒天だ。

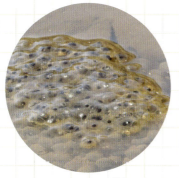
アカガエルの卵。

ヒキガエルの卵。

アマガエルの卵。アカガエルの卵ほどかたまりになっていないが、寒天のようなものにつつまれているのは同じ。

見る **知る**

●着がえもばっちり

いつも同じようなカエルの皮ふだけど、じつはときどき、皮をぬぐ。日焼けをした人間の皮ふがめくれるみたいにね。でも、ぬいだ皮はすぐに、パクッ！　おいしいのかなあ。

見る **知る**

●第2のまぶた

カエルには、2種類のまぶたがある。おもしろいのは「瞬膜」という"第2のまぶた"で、下から上に、膜を張るみたいに動かすよ。目を守り、水中でよく見えるようにするんだって。

ヒキガエル。目には瞬膜がある。

見る

●あしは前から、後ろから？

カエルのオタマジャクシのあしは、後ろからはえてくる。ところがイモリやサンショウウオのこどもは前あしが先。ふしぎだね。

後ろあしがはえたオタマジャクシ。

知る

やってみよう

アマガエルの天気予報

雨がふりそうになると、アマガエルは元気よく鳴く。気象台の天気予報とくらべて、どちらがよく当たるのか調べてみよう。

31

タニシ

 動物

データ
【マルタニシ】
・タニシ科
・大きさ：50mm
・見られる時期：一年じゅう
・見られる場所：田んぼ

むかしは、田んぼにいっぱいいたけど最近は少ないなあ。

タニシは、田んぼにいる巻き貝のなかまだ。藻を食べ、ふんを出し、水をきれいにしてくれる。動きはとてもおそいけど、田んぼの環境をよくして、お米がたくさんとれるようにしてくれる貝なんだ。

タニシが通ったあとには道ができる。田んぼの地面にこんなもようが見えたら、タニシがいるとわかる。

タニシ。おもに田んぼにすんでいる。

タニシのふんは、茶色い小さな米つぶのような形だ。

見る・知る

●戸じまり用心

陸の巻き貝であるカタツムリは、なんとなくタニシに似ている。だけど、タニシにあるふたがない。ふたをきゅっとしめるタニシは、そうやって自分の身をまもっているんだね。

タニシのからには、ふたがある。

カタツムリ。陸にすむ巻き貝のなかま。

見る 知る
●オスのひげは右曲がり
タニシのくちの両側には、オスにもメスにもひげ（触角）がある。メスはどちらもまっすぐなのに、オスの右がわのひげはくるんと曲がっている。これでもう、オスとメスが見わけられるね。

見る 知る
●ゾウの鼻まねた？
タニシのくちは、ゾウの鼻の先のようなおもしろい形。その中には人間でいえば歯のような「歯舌」があって、藻をけずりとるようにして食べるよ。

オスのタニシ。右側の触角が曲がっている。

メスのタニシ。触角は2本ともまっすぐになっている。

タニシのくちのようす。

見る 知る
●巨大タニシ
「ジャンボタニシ」とよばれる外来種のスクミリンゴガイがふえてきた。タニシそっくりだけど大きく、イネも食べるので、人間にきらわれる。ピンク色の卵を見れば、タニシじゃないとすぐにわかるよ。タニシは、卵ではなく、直接小さな赤ちゃんタニシをうむからね。

スクミリンゴガイ。「ジャンボタニシ」は俗称で、タニシ科には属さない。南アメリカ原産。

スクミリンゴガイの卵。ピンク色で遠くからでも目立つ。

見る やってみよう
水そうのそうじ屋さん
植物プランクトン＊がふえすぎて緑色がこくなった水そうにタニシを何匹か入れて、ようすを見よう。時間がたつと、あら、ふしぎ。水がだんだんすきとおってくる。タニシのはたらきに感謝、だね。

植物プランクトンが繁殖して緑色がこくなった水そうにタニシを入れておく。

緑色のもとになる植物プランクトンをタニシがすいこみ、水がだんだんとすきとおる。

ことば
＊プランクトン……泳ぐ能力がないか、とても弱いため、水中をただよいながらくらす生きもの。動物プランクトンと植物プランクトン、細菌プランクトンに分けられる。

ミジンコ

動物

ミジンコはエビやカニのなかまだけど、とても小さい。だから、ちりのように細かいという意味で、「微塵子」という漢字をあてる。たくさんいるから、水にすむ生きもののえさになる。それをまた食べるものがいるから、多くの生きものの生活を縁の下でささえているのがミジンコだと思っていい。2本の触角をうでのように動かして泳ぐのもおもしろいね。

データ

【ミジンコ】
- ミジンコ科
- 大きさ（体長）：0.5〜3mm
- 見られる時期：一年じゅう
- 見られる場所：水辺

小さいけど、よく観察するとおもしろいよ。

泳ぐミジンコ。

ミジンコ。あさい池や湖にすむ。

●ふだんはメスだけ 見る 知る

ミジンコはふだん、メスだけで生活して、こどもをふやす。専門的には「単為生殖」といって、すべて自分の分身、つまりクローンだ。顕微鏡があれば、おかあさんミジンコの体の中の卵がすけて見えるよ。メスがメスをうむから、どんどんふえるんだね。

体内の卵がすけて見えているミジンコ。

●光に集まれ！ 知る

ミジンコの頭には、大きな複眼がひとつだけついている。いってみれば、「一つ目小僧」だ。物を見ることはできないようだけど、光は感じとれる。まわりが暗いときにライトで照らすと、明るいほうにやってくるのはそのためだ。だけどそれでミジンコを集める人がいるから、ミジンコにとってはめいわくな話だね。

ぎらり

ふれあう

ミジンコをさがそう やってみよう

田んぼに水をはる春になれば、ミジンコを見ることができる。目の細かいあみですくえば、一度に何匹もとることができるはずだ。冬のうちから準備することもできる。ミジンコがいることがわかっている田んぼの土を少しだけ分けてもらい、じゅうぶんにかわかしてから水に入れよう。時期は、水温の上がる春になってからがいいよ。ミジンコのふしぎな生活を観察するのはそれからだ。

入っているかな？

※田んぼの水をすくったり、土を分けてもらったりするときは、田んぼを所有・管理している人の許可をかならずもらおう。

イチョウウキゴケ 〈植物〉

データ
【イチョウウキゴケ】
・ウキゴケ科
・花の時期：夏
・見られる場所：田んぼ

おもしろい形だよね。

　田んぼにうかぶ、ちょっとかわったウキクサみたいなのがイチョウウキゴケだ。名前のとおりコケのなかまで、ふつうは水にうかんで育つ。一時は絶滅が心配されたが、農薬を使わない農家がふえたからか、最近はイチョウウキゴケの見られる田んぼがふえている。田んぼにしゃがんで、さがしてみよう。

田んぼにひろがるイチョウウキゴケ。イチョウの葉のような形をしていて、水にうくコケのなかまであることから、その名がついた。

イチョウウキゴケ。水にうくのは、空気をためる部屋があるからだ。

知る ●根も葉もない

　イチョウウキゴケは、コケの一種。だから、根や葉はない。イチョウの葉みたいなのは「葉状体」、まわりの根のようなものは「腹鱗片」という。

腹鱗片　葉状体

知る ●水陸両用なんて、すごくない？

　水にうく「ウキゴケ」なのに、イチョウウキゴケは土でも育つ。水にうかぶときにはない、根のような「仮根」をのばすんだ。

秋、水がなくなった田んぼの地面に見られるイチョウウキゴケ。

ふれあう やってみよう
洗面器で育てよう

　イチョウウキゴケは、あまり手をかけずに育てられる。水をはった洗面器にうかべて、日当たりのいい場所に置けばOKだ。でも、暑すぎるのは苦手だから、半分くらい日かげにするといい。

メダカといっしょに育てるのもいいね。

スミレ

植物

データ

【スミレ】
・スミレ科
・大きさ(草たけ)：5〜20cm
・花の時期：4、5月
・見られる場所：公園、野山、雑木林、田んぼ、水辺

大工さんが使う「墨入れ」という道具にたとえて、「スミレ」の名がついた。

「すみれ色」というように、名前をいえばだれでもわかるのが野にさくスミレだ。なかまは多く、花の色だけでも白、黄、ピンクなどがあり、「すみれ色」一色ではない。スミレという名前のスミレはもちろん、「すみれ色」なんだけどね。春にはきれいな花をさかせるスミレだが、初夏から秋になると、ひらくことのないもうひとつの花「閉鎖花」をつける。

スミレ。日当たりのよい場所にさく。花はむらさき色で、葉は細長い。

スミレの閉鎖花。この中で自分のおしべとめしべとでタネをつくる。

日本のスミレは約60種。花の色や葉の形がそれぞれちがっている。

見る 知る

●旅が好き

よく熟したスミレのタネは、さやからはじかれたようにして自分の力でとびだす。ポトンと落ちるより、ずっと遠くに行ける。なんともかしこい作戦だね。

スミレのタネ。

🟠 知る

● アリのおだちん

　地面に落ちたタネは、もっと遠くへ行くためにアリを利用する。タネには、アリのごちそうになる「エライオソーム」がついている。タネは、アリの巣に運ばれ、エライオソームだけ食べられる。残った部分（つまりタネ）はすてられるけど、新しい土地で芽が出せるんだ。

🟠 知る

● 美しい食用花

　スミレの花は食べられる。それで、「食用花」（エディブルフラワー）とよばれるよ。野生のスミレを改良したパンジーを、料理にそえることもある。きれいな見た目でおいしく食べられるなんて、うれしいね。

直売所で販売されていた食用花。いろいろな種類の花がつめあわせになっている。

🟢 見る　🟠 知る

● ごちそうまでの「みつしるべ」

　スミレの下側の花びらには、みつのありかを知らせるもようがある。道しるべならぬ、「みつしるべ」だ。そのおかげでスミレは、虫に花粉を運んでもらえるよ。

スミレの花には、花びらの後ろ側につき出た部分があり、それを距という。距の中にみつをためている。

スミレの花にやってきた虫は、下がわの花びらのもようにみちびかれて、距の中のみつをすいにいく。花粉を運んでくれるチョウやハナバチなどはストローのような長いくち（口吻）をもつ。そうした虫だけがみつをすえるしくみになっている。

🟡 ふれあう　やってみよう

タネの運動会？

　白い紙をひろげた上に、はじける前のスミレのさやを置く。しばらくしたらタネがとぶので、その距離をはかろう。だれの持ってきたタネがいちばんよくとんだのかで競争すると、たのしいよ。

シロツメクサ 植物

シロツメクサは、幸運の「四つ葉のクローバー」が見つかる植物だ。身近なところにはえていて、白くて丸い花がさく。それは小さな花の集まりで、それぞれの花には花びらが5枚ある。全体では、ものすごい数の花びらになるね。

データ

【シロツメクサ】
- マメ科
- 大きさ（草たけ）：20〜30cm
- 花の時期：5〜10月
- 見られる場所：公園、野山、雑木林、田んぼ、水辺

わしは「五つ葉のクローバー」を見つけたこともあるぞ。

ふつうは「三つ葉のクローバー」だよね。四つ葉はあるかなあ…？

シロツメクサの葉。小葉3枚が1組となって、1枚の葉（複葉）になる。

四つ葉のクローバー。

五つ葉のクローバー。

●同じハート形でもちょっとちがう 見る

シロツメクサの葉は、カタバミ（→40ページ）の葉にそっくりだ。でもよく見ると、シロツメクサの葉は丸に近い形で、ふちに小さなぎざぎざがある。白いもようのあるものも多い。カタバミはハート形だから、花がさいていなくても見わけられるよ。

シロツメクサの葉。

カタバミの葉。

●赤とむらさき、正解は？ 知る

シロツメクサに近いなかまにアカツメクサという植物がある。これはムラサキツメクサともよばれるよ。赤なのか、むらさきなのか。色の表現はむずかしいね。

アカツメクサの花。これは赤？それとも、むらさき？

●クッションがわりに 〔知る〕

江戸時代には、箱に入れたガラス製品がこわれないようにシロツメクサをつめこんだ。それで「つめる草」の意味から、シロツメクサという名前になったとか。つまり、クッションとして使われたんだね。

これで安心。

●チョウのような花 〔見る〕

丸くかたまった花をよく見ると、シロツメクサがマメ科植物だとわかるよ。ひとつずつ、チョウみたいな形の花びらがあるからね。

シロツメクサの花。小さな花が集まって一つの花のかたまり（頭状花序）をつくっている。

ZOOM
ひとつの花には5枚の花びらがついている。

●ミツバチさんよろしく 〔見る〕〔知る〕

だれかが花粉をつけてくれないと、タネができない。そのために活躍するのがミツバチだ。シロツメクサにとってミツバチは、花粉を運んでくれるお得意さま。そのかわり、ミツバチはおいしいみつをおなかにためて、花粉は後ろあしにかためてつける。そして巣にもって帰るのさ。

シロツメクサの花からみつと花粉を集めるミツバチ。後ろあしについた花粉は、幼虫のえさになる。

●人の味方になる虫 〔見る〕〔知る〕

ヒメハナカメムシという体長2mmほどの小さなカメムシは、野菜の害虫になるアザミウマ類をやっつける正義の味方だ。日本に昔からすんでいるので、そのはたらきを知っている農家の人たちは、シロツメクサを植えて、ヒメハナカメムシ類を集めるよ。

ヒメハナカメムシ。ストローのようなくちをえものにさして、からだの汁をすう。

〔ふれあう〕 やってみよう

花かんむりをつくろう

茎が長いシロツメクサで、花かんむりをつくってみよう。

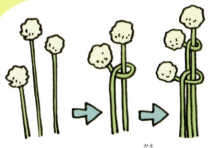
これをくり返す。

最後に輪にすると、完成！
ステキ。

カタバミ

植物

データ

【カタバミ】
- カタバミ科
- 大きさ（草たけ）：10～30cm
- 花の時期：5～9月
- 見られる場所：公園、野山、雑木林、田んぼ、水辺

朝ひらいて、夜にとじる「一日花」だよ。

カタバミは、ハート形の葉に黄色い花をつける、かわいらしい草。環境の変化に強く、地面にへばりつくようにしてあちこちにはえている。朝ひらいた花は、夕方にはとじる。花の時期と同時にできる実は、小さなオクラのような形で、指でさわると中のタネがはじけてとびだすよ。

夕方の花。花は、夜になるととじる。天気の悪い日には昼間もとじている。

カタバミの花。黄色くて、花びらは5枚ある。

カタバミの実。オクラのような形をしている。長さは1cmぐらい。

見る 知る

●かじられた？

カタバミの葉はハート形。それで、丸い葉のふちが欠けた感じがする。夜になって葉をとじると、葉がかじられたようにも見える。そんなことから、「片喰」とよぶようになったとか。「食む」は、食べるという意味だ。

カタバミの葉。ハート形の葉（小葉）が3枚集まって1枚の葉（複葉）になっている。

●とびだすタネ

見る 知る

オクラのような実は、カタバミのタネの入れものだ。実がじゅうぶんに熟すとタネをつつんでいる白っぽい皮がそりかえり、その中身であるタネをはじきとばす。とてもいきおいがあって、2m近くとぶこともあるんだよ。

カタバミのタネ。白いものは、タネをつつんでいた皮。

知る
●草でつくった鏡？

カタバミの葉がぬれたり水滴がついたりすると、表面が光りかがやく。そのようすを鏡にたとえて、「鏡草」ともよばれてきた。昔の人の想像力はすごいよ。

見る 知る
●親せきがいっぱい

カタバミの親せきみたいなオキザリスは種類が多く、世界じゅうにはえている。日本では、イモのような球根でふえる園芸植物としてあつかう。オキザリスの一部が「イモカタバミ」ともよばれるのは、そのためだ。

とってもきれい！

日本に自生するオキザリスの一種。

見る
●暑さ対策で赤い？

都会で、赤い葉のカタバミがふえている。アスファルトが多いと高温になるため、暑い場所で生きぬくために変化したそうだ。高温下の実験でも、赤い葉のほうが緑色の葉よりよく育つことがたしかめられたんだって。暑さにそなえるのは、人間だけじゃないんだね。

赤いカタバミ。アスファルトのすきまにはえていることが多い。

緑色のカタバミのすぐ近くに赤色のカタバミがはえていることもある。

ふれあう
やってみよう

十円玉がピッカピカ！

カタバミのあだ名のひとつに、「しょっぱ草」がある。食べるとしょっぱく感じるのは、シュウ酸という成分がカタバミの葉にふくまれるからだ。葉で十円玉をみがくと、シュウ酸のはたらきで、さびが落ちたようにきれいになるよ。やってみよう。

カタバミの葉で右半分をみがいた十円玉。

ごしっ ごしっ

菜の花

春はやくから黄色い花をさかせるのが「菜の花」だ。この「菜の花」という名は、1種類の植物ではなく、グループとしてのよび名だよ。ちょっとあまくて、油にも似た感じのかおりがする。

データ
【セイヨウアブラナ】
・アブラナ科
・大きさ（草たけ）：30〜150cm
・花の時期：2〜4月
・見られる場所：公園、田んぼ

なたね油がとれるよ。

ZOOM

油をしぼることのできるセイヨウアブラナ。油をしぼったあとのかすは「油かす」とよばれ、肥料になる。

見る 知る
●なかまがたくさん
「菜の花」とよばれる植物には、ふだんよく目にするセイヨウアブラナのほか、花だんや畑で育つコマツナやカブ、ハクサイ、ブロッコリーなどいろいろあって、それぞれが自分の植物名をもっている。だけど、どれも花びらは4枚で、十文字になっているのが、共通のとくちょうだよ。

セイヨウアブラナの花びらは4枚。

知る
●元気いっぱい！
菜の花の花言葉のひとつが、「元気いっぱい」だ。寒かった冬のあとに春がきて明るい黄色の菜の花を見ると、たしかに元気がわいてくる。菜の花は、みんなにパワーをくれる花なんだね。

よし！

ふれあう
タネをたたいて油紙に
やってみよう

菜の花のタネをしぼると、油がとれる。菜の花から油をしぼるには、とてもたくさんのタネがいる。でも、タネがつまったさやがいくつかあれば、水をはじく油紙ができるよ。セイヨウアブラナのさやの中からとりだしたタネを紙にはさんで木づちでたたけば、できあがりだ。油紙づくりにチャレンジしてみよう。

さやからタネをとる。
ばんっばんっ

ヨモギ

植物

ヨモギは、古くから日本人の生活にとけこんできた草のひとつだ。葉のうらにはこまかい毛がはえていて、独特のかおりがする。春の若葉をゆでて、もちといっしょについて、草もちをつくるのに使われる。どこにでもあって薬にもなるなんて、「スーパー野草」とでもよびたいね。

データ

【ヨモギ】
・キク科
・大きさ（草たけ）：40〜100cm
・花の時期：9、10月
・見られる場所：公園、野山、雑木林、田んぼ、水辺

昔から薬としても利用されたんだ。

ヨモギ。葉は長さが5cmから12cmで、うらに毛があり白っぽく見える。葉はかおりがよい。

●草のだんご　知る

「草だんご」を食べたことはないかな。草をころころと丸めてだんごにしたのではなく、ヨモギの葉をまぜこんでつくっただんごのことだ。「草もち」も同じようにヨモギを使うよ。

知る　●悪い子にはうれしくない？

むかしは「悪いことをしたら、お灸をすえるぞ」なんて言われた。体にのせて火をつけるから、とても熱い。そのお灸の原料になるのがヨモギの葉にはえている細かい毛なんだ。考えだした人はすごいね。

●こびとの綿ボール？　見る　知る

ヨモギのくきに、綿のような丸いかたまりがくっついていることがある。それはヨモギワタタマバエという小さなハエが茎に卵をうむことでできる「虫こぶ」の一種なんだ。

まるで綿のようなヨモギワタタマバエの虫こぶ。

ふれあう　カイロをつくろう！　やってみよう

よくかわかしたヨモギの葉で、カイロができるよ。春につむヨモギの葉がいいから、ためしてみよう。材料は、乾燥させた葉（大さじ2杯）と玄米100g、塩（小さじ2杯）。それを綿や麻のふくろに入れ、電子レンジ（500ワット）で1分ほどあたためる。熱くないか、よくたしかめて持ってね。

ぽかぽかね。

サクラ

植物

データ
【ソメイヨシノ】
・バラ科
・木の高さ：10～15m
・花の時期：3、4月
・見られる場所：公園、野山、雑木林、田んぼ、水辺

やっぱり春といえばサクラだよね。よく見てみよう！

　サクラは古くから、日本を代表する木。一説によると、田んぼの神さまのいる場所をあらわすことばが「サクラ」の名前の由来だとか。日本人にとって特別な木なので、「お花見」といえば木の種類をいわなくてもサクラの花見だとわかる。それでも意外に、どんな木なのかは知られていない。お花見をたのしみながら、サクラについて学ぶのもいいね。

サクラのある風景。

サクラの花。

サクラのつぼみ。

サクラの実。

クイズ
下の㋐～㋓の写真は、何という品種のサクラかな？それぞれ下からえらんでね。こたえは45ページだよ。
ヤマザクラ／ソメイヨシノ
ケイオウザクラ／カワヅザクラ

●ソメイヨシノだけじゃない！　見る　知る

　サクラの代表品種は「ソメイヨシノ」だけど、そのもとになったのは「エドヒガン」と「オオシマザクラ」だとされている。そのほかにも、花びらが緑色のサクラ、秋にさくサクラなどがある。サクラの品種は、全部で数百種あるんだって。

㋐

㋑

㋒

㋓

知る

●サクラにつく「ごちそう毛虫」

サクラには、数種類の蛾の幼虫がつく。なかでも有名なのが、「サクラ毛虫」とよばれるモンクロシャチホコの幼虫だ。葉を食べる害虫だけど毒はなく、ゆでたりあげたりして食べるとおいしいとか。ふんをお茶としてのむ人もいるよ。

モンクロシャチホコの幼虫。

モンクロシャチホコの成虫。

知る

●あまいみつでアリを利用

サクラは葉のつけ根にある「みつせん」で、アリをよびよせる。あまいみつをあたえて、葉を食べる害虫を追いはらってもらう作戦だ。みつは花にあることが多いから、サクラはちょっぴりかわり者かもしれないね。

葉のつけ根のこぶのようなみつせんから、あまいみつが出る。

見る　知る

●サクラのみつはあまい？

サクラの花がさきだしたとたん、鳥にあらされることがある。舌の長いヒヨドリやメジロは器用にみつをすうけれど、くちばしが太くて短いスズメは花を食いちぎってすう。ウソという鳥は、花芽を食べる。

メジロ。

サクラの木にとまるヒヨドリ。

スズメ。

知る

●落ち葉がうんだ「さくらもち」

塩づけにしたサクラの葉でつつんだおかしが「さくらもち」。秋の落ち葉は使えないので、その前に葉を集めて塩につける。関西では「道明寺」、関東では「長命寺」という名前でも売られ、ひな祭りに食べる。「オオシマザクラ」の葉を使うことが多いよ。

関西の道明寺。

関東の長命寺。

知る

●「さくらんぼ」は何の果実？

「さくらんぼ」は、サクラの実。だけど「ソメイヨシノ」ではなく、果実をとるために育てられる「セイヨウミザクラ」の実を「さくらんぼ」とよぶ。そのタネは、寒さにあたらないと芽が出ない。タネから実ができるまで育てるのは、けっこうむずかしいんだ。

見る

やってみよう

花びらいろいろ

サクラの花びらは5枚が多い。でもよく見ると、3枚や4枚もまじっている。形だって、どれも少しずつちがう。5枚ではない花びら、かわった形の花びらさがしをしてみよう。

サクラの花びらは5枚だけじゃないのね。

春に出会えるいろいろな花

レンギョウ
[モクセイ科]

オオイヌノフグリ
[オオバコ科]

ウグイスカグラ
[スイカズラ科]

アブラチャン
[クスノキ科]

キランソウ
[シソ科]

ムラサキケマン
[ケシ科]

キュウリグサ
[ムラサキ科]

ナズナ
[アブラナ科]

コオニタビラコ
[キク科]

ジシバリ
[キク科]

春になるとあたたかくなり、いろいろな花がさく。色とりどりの花を見つけると、たのしい気持ちになるよね。地面の草花や街路樹の花など、いろいろな花をさがしてみよう。

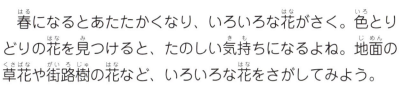

ハクモクレン
［モクレン科］

ホトケノザ
［シソ科］

ハルジオン
［キク科］

レンゲ（ゲンゲ）
［マメ科］

ハハコグサ
［キク科］

スズメノテッポウ
［イネ科］

ニワゼキショウ
［アヤメ科］

ヒメオドリコソウ
［シソ科］

ヘビイチゴ
［バラ科］

カラスノエンドウ
［マメ科］

さくいん

あ行

アオオビハエトリ‥‥‥‥‥‥ 26
アオスジアゲハ‥‥‥‥‥‥‥ 12
青虫 (あおむし)‥‥‥‥‥‥‥‥‥ 6
アカガエル‥‥‥‥‥‥‥‥‥ 31
アカツメクサ（ムラサキツメクサ）‥‥ 11,38
アゲハ‥‥‥‥‥‥‥‥‥‥‥ 4,5
アゲハチョウ（科 か）‥‥‥‥ 4,12,13
アブラチャン‥‥‥‥‥‥‥‥ 46
アブラナ科 か‥‥‥‥‥ 6,17,42,46
アブラムシ‥‥‥‥‥‥‥‥ 14〜16
アマガエル（科 か）‥‥‥‥‥ 30,31
アマミナナフシ‥‥‥‥‥‥‥ 21
アヤメ科 か‥‥‥‥‥‥‥‥‥ 47
アリ‥‥‥‥‥‥‥‥‥ 11,16,37,45
アリグモ‥‥‥‥‥‥‥‥‥‥ 27
育児のう (いくじ)‥‥‥‥‥‥‥‥ 25
イタドリハムシ‥‥‥‥‥‥‥ 15
イチョウウキゴケ‥‥‥‥‥‥ 35
イネ科 か‥‥‥‥‥‥‥‥‥‥ 47
イモカタバミ‥‥‥‥‥‥‥‥ 41
イモリ‥‥‥‥‥‥‥‥‥‥‥ 31
ウキゴケ（科 か）‥‥‥‥‥‥‥ 35
ウグイスカグラ‥‥‥‥‥‥‥ 46
ウスバシロチョウ‥‥‥‥‥‥ 12
ウソ‥‥‥‥‥‥‥‥‥‥‥‥ 45
エダナナフシ‥‥‥‥‥‥‥ 20,21
エドヒガン‥‥‥‥‥‥‥‥‥ 44
エライオソーム‥‥‥‥‥‥‥ 37
オオイヌノフグリ‥‥‥‥‥‥ 46
オオシマザクラ‥‥‥‥‥‥‥ 44
オオバコ科 か‥‥‥‥‥‥‥‥ 46
オカダンゴムシ（科 か）‥‥‥‥ 24

オキザリス‥‥‥‥‥‥‥‥‥ 41
オキナワマルウンカ‥‥‥‥‥ 15
オタマジャクシ‥‥‥‥‥‥ 30,31

か行

カイコ‥‥‥‥‥‥‥‥‥‥‥ 22
蚕 (かいこ)‥‥‥‥‥‥‥‥‥ 22,23
カイコガ科 か‥‥‥‥‥‥‥‥ 22
開張 (かいちょう)‥‥‥‥‥‥‥‥‥ 4
カエル‥‥‥‥‥‥‥‥‥‥‥ 30
仮根 (かこん)‥‥‥‥‥‥‥‥‥ 35
カタツムリ‥‥‥‥‥‥‥‥‥ 32
カタバミ（科 か）‥‥‥ 10,11,38,40,41
カバマダラ‥‥‥‥‥‥‥‥‥ 8
カメムシ（科 か）‥‥‥‥‥ 17〜19
カラスノエンドウ‥‥‥‥‥‥ 47
カワヅザクラ‥‥‥‥‥‥‥ 44,45
眼状紋 (がんじょうもん)‥‥‥‥‥‥ 5,23
環帯 (かんたい)‥‥‥‥‥‥‥‥‥ 28
キアゲハ‥‥‥‥‥‥‥‥‥‥ 4,5
キイロテントウ‥‥‥‥‥‥‥ 14
キク科 か‥‥‥‥‥‥‥ 43,46,47
寄生 (きせい)‥‥‥‥‥‥‥‥‥ 8,9
擬態 (ぎたい)‥‥‥‥‥‥‥‥‥ 8
キマダラカメムシ‥‥‥‥‥‥ 19
キュウリグサ‥‥‥‥‥‥‥‥ 46
距 (きょ)‥‥‥‥‥‥‥‥‥‥‥ 37
鋏角 (きょうかく)‥‥‥‥‥‥‥‥ 27
キランソウ‥‥‥‥‥‥‥‥‥ 46
クサカゲロウ‥‥‥‥‥‥‥‥ 16
クスノキ科 か‥‥‥‥‥‥‥‥ 46
クロアゲハ‥‥‥‥‥‥‥‥ 4,5,12
クローバー‥‥‥‥‥‥‥‥‥ 38

クロボシツツハムシ‥‥‥‥‥ 15
クワ‥‥‥‥‥‥‥‥‥‥‥‥ 22
クワコ‥‥‥‥‥‥‥‥‥‥ 22,23
ケイオウザクラ‥‥‥‥‥‥ 44,45
ケシ科 か‥‥‥‥‥‥‥‥‥‥ 46
口吻 (こうふん)‥‥‥‥‥ 7,16,18,37
コオニタビラコ‥‥‥‥‥‥‥ 46
個眼（レンズ眼 がん）こがん‥‥‥‥ 7
コブナナフシ‥‥‥‥‥‥‥‥ 21

さ行

サカハチチョウ‥‥‥‥‥‥‥ 13
サクラ‥‥‥‥‥‥‥‥‥‥ 44,45
サシガメ科 か‥‥‥‥‥‥‥‥ 18
サトキマダラヒカゲ‥‥‥‥‥ 13
サンショウウオ‥‥‥‥‥‥‥ 31
ジシバリ‥‥‥‥‥‥‥‥‥‥ 46
シジミチョウ（科 か）‥‥‥ 10,12,13
シソ科 か‥‥‥‥‥‥‥‥‥ 46,47
ジャコウアゲハ‥‥‥‥‥‥‥ 5,13
ジャンボタニシ‥‥‥‥‥‥‥ 33
瞬膜 (しゅんまく)‥‥‥‥‥‥‥‥ 31
小葉 (しょうよう)‥‥‥‥‥‥‥ 38,40
触角 (しょっかく)‥‥‥‥‥‥‥ 15,33
シラヒゲハエトリ‥‥‥‥‥‥ 27
シロチョウ（科 か）‥‥‥‥ 6,12,13
シロツメクサ‥‥‥‥‥‥ 11,38,39
スイカズラ科 か‥‥‥‥‥‥‥ 46
スクミリンゴガイ‥‥‥‥‥‥ 33
スジグロシロチョウ‥‥‥‥‥ 7
スジボソヤマキチョウ‥‥‥‥ 12
スズメ‥‥‥‥‥‥‥‥‥‥‥ 45
スズメノテッポウ‥‥‥‥‥‥ 47

スミナガシ ……………………… 13
スミレ（科） ……………… 8,36,37
セイヨウアブラナ ……………… 42
セイヨウミザクラ ………………… 45
ソメイヨシノ ……………………… 44,45

た行

タイワントビナナフシ …………… 21
脱皮 ………………………………… 19
タテハチョウ科 …………… 8,12,13
タニシ（科） …………………… 32,33
タマヤスデ ………………………… 25
単為生殖 …………………………… 34
単眼 ………………………………… 7
ダンゴムシ ……………………… 24,25
ツダナナフシ ……………………… 21
ツマグロヒョウモン ……………… 8,9
テングチョウ ……………………… 12
テントウムシ（科） ………… 14 〜 16
トカゲ（科） ……………………… 29
トゲナナフシ ……………………… 21
トビナナフシ（科） ……………… 20

な行

ナガメ …………………………… 17,18
ナズナ ……………………………… 46
ナナフシ（科） …………………… 20
ナナフシモドキ（ナナフシ）… 20,21
ナナホシテントウ ……………… 14,16
菜の花 ……………………………… 42
ナミテントウ …………………… 14,15
肉角 ………………………………… 5
ニセクロホシテントウゴミムシダマシ… 15
ニホンカナヘビ …………………… 29
ニホントカゲ ……………………… 29

ニホントビナナフシ ……………… 21
ニワゼキショウ …………………… 47
ネコハエトリ …………………… 26,27

は行

ハエトリグモ（科） …………… 26,27
ハクモクレン ……………………… 47
ハハコグサ ………………………… 47
バラ科 ……………………………… 44,47
ハルジオン ………………………… 47
パンジー …………………………… 8,9
ヒキガエル ………………………… 31
ヒメオドリコソウ ………………… 47
ヒメギフチョウ …………………… 12
ヒメハナカメムシ ………………… 39
ヒヨドリ …………………………… 45
複眼 ………………………………… 7
腹脚 ………………………………… 5
複葉 ……………………………… 38,40
腹鱗片 ……………………………… 35
フトミミズ（科） ………………… 28
プランクトン ……………………… 33
閉鎖花 ……………………………… 36
ベニシジミ ………………………… 13
ヘビイチゴ ………………………… 47
ホトケノザ ………………………… 47

ま行

マメ科 ……………………………… 38,47
まゆ ………………………………… 23
マルウンカ ………………………… 15
ミジンコ（科） …………………… 34
みつせん …………………………… 45
ミツバチ …………………………… 39
ミミズ ……………………………… 28

虫こぶ ……………………………… 43
ムラサキ科 ………………………… 46
ムラサキケマン …………………… 46
ムラサキシジミ …………………… 13
ムラサキツバメ …………………… 12
メジロ ……………………………… 45
モクセイ科 ………………………… 46
モクレン科 ………………………… 47
モンキアゲハ ……………………… 13
モンキチョウ ……………………… 13
モンクロシャチホコ ……………… 45
モンシロチョウ …………………… 6,7

や行

ヤマグワ …………………………… 22
ヤマザクラ ………………………… 44,45
ヤマトシジミ …………………… 10,11
葉状体 ……………………………… 35
ヨコヅナサシガメ ……………… 18,19
ヨモギ ……………………………… 43
ヨモギワタタマバエ ……………… 43

ら行

卵包 ………………………………… 28
ルリシジミ ………………………… 12
レンギョウ ………………………… 46
レンゲ（ゲンゲ） ………………… 47

わ行

ワラジムシ ………………………… 18

49

●文・写真　谷本 雄治（たにもと　ゆうじ）
プチ生物研究家・児童文学作家。1953年、名古屋市生まれ。生きものと農業とのかかわりを全国で取材。それをいかした食農ノンフィクションを数多く手がける。どんなに多忙でも、ご近所の虫や植物とのふれあいは欠かさない。『カブトエビは不死身の生きもの!?』（ポプラ社）、『赤い星のチョウを追え！』（文研出版）、『ご近所のキケン動植物図鑑』（小峰書店）など、著書多数。

●絵　やました こうへい
デザイナー・絵本作家。1971年生まれ、神戸育ち。大阪芸術大学美術学科卒業。主な絵本・児童書に『かえるくんとけらくん』（福音館書店）、「ばななせんせい」シリーズ（童心社）、『さがそう！マイゴノサウルス』（偕成社）、「ちびクワくん」シリーズ（ほるぷ出版）、『まんが星の王子さま』（小学館）、「ファーブル先生の昆虫教室」シリーズ、『きょうりゅうゆうえんち』（いずれもポプラ社）などがある。

●装丁・本文デザイン　山下浩平（mountain mountain）
● DTP　山下浩平（mountain mountain）
　　　　WOODHOUSE DESIGN　川端俊弘
●校正　栗延 悠
●写真提供　川邊透（p.4／キアゲハの成虫）、アマナイメージズ

●おもな参考文献
・寺山守総合監修『ポプラディア大図鑑 WONDA　昆虫』ポプラ社
・池田博総合監修『ポプラディア大図鑑 WONDA　植物』ポプラ社
・北村四郎・村田源ほか『原色日本植物図鑑』（木本編Ⅰ，Ⅱ／草本編Ⅰ，Ⅱ，Ⅲ）保育社
・丸山宗利総監修『学研の図鑑 LIVE 新版昆虫』Gakken
・『小学館の図鑑 NEO［新版］昆虫』小学館
・門田裕一監修『小学館の図鑑 NEO［新版］植物』小学館
・平野隆久『よくわかる樹木大図鑑』永岡書店
・椎葉林弘『よくわかる庭木大図鑑』永岡書店
・日本チョウ類保全協会編『フィールドガイド　日本のチョウ』誠文堂新光社
・林将之『樹木の葉　実物スキャンで見分ける１１００種類』山と溪谷社
・日本直翅類学会監修『バッタ・コオロギ・キリギリス生態図鑑』北海道大学出版会
・安田守『イモムシの教科書』文一総合出版
・石井博『花と昆虫のしたたかで素敵な関係』ベレ出版
・「総合百科事典ポプラディア第三版」ポプラ社

見る 知る ふれあう
学校のまわりの自然たんけん図鑑　1
春の自然
発行　2025年4月　第1刷

文・写真　谷本 雄治
絵　やました こうへい
発行者　加藤裕樹
編集　原田哲郎
発行所　株式会社ポプラ社
〒141-8210　東京都品川区西五反田3丁目5番8号　JR目黒MARCビル12階
ホームページ：www.poplar.co.jp（ポプラ社）　kodomottolab.poplar.co.jp（こどもっとラボ）
印刷・製本　株式会社瞬報社

© Yuji Tanimoto & Kohei Yamashita 2025　Printed in Japan
ISBN978-4-591-18470-7/ N.D.C. 460/ 49P / 29cm

落丁・乱丁本はお取り替えいたします。
ホームページ（www.poplar.co.jp）のお問い合わせ一覧よりご連絡ください。
読者の皆様からのお便りをお待ちしております。いただいたお便りは制作者にお渡しいたします。
本書のコピー、スキャン、デジタル化等の無断複製は著作権法上での例外を除き禁じられています。
本書を代行業者等の第三者に依頼してスキャンやデジタル化することは、たとえ個人や家庭内での利用であっても著作権法上認められておりません。
P7261001